LES

VINS DU SIÈCLE

DANS LA GIRONDE

PETITE STATISTIQUE DES RÉCOLTES

depuis 1800 jusqu'à 1877

PAR

M. TROIS-ÉTOILES

Prix : 1 fr.

BORDEAUX

IMPRIMERIE GÉNÉRALE D'ÉMILE CRUGY

16, rue et hôtel Saint-Siméon, 16

1877

LES VINS DU SIÈCLE

DANS LA GIRONDE

LES

VINS DU SIÈCLE

DANS LA GIRONDE

———

PETITE STATISTIQUE DES RÉCOLTES

depuis 1800 jusqu'à 1877

PAR

M. TROIS-ÉTOILES

BORDEAUX

IMPRIMERIE GÉNÉRALE D'ÉMILE CRUGY

16, rue et hôtel Saint-Siméon, 16

1877

LES

VINS DU SIÈCLE

DANS LA GIRONDE

PETITE STATISTIQUE DES RÉCOLTES

depuis 1800 jusqu'à 1877

Les touristes qui ont visité les jeux de Bade, Hombourg ou Monaco, ont dû remarquer autour des vastes tables sur lesquelles s'étalent le Trente et Quarante et la Roulette, des bonshommes qui, un carton d'une main et une épingle de l'autre, enregistrent en les pointant les coups gagnants de la Rouge ou de la Noire. Ils cherchent, à l'aide de ces éléments, à constituer une moyenne sur laquelle ils espèrent fonder des calculs qui leur permettent, au bout d'une certaine somme d'observations, d'établir quelques probabilités de chances.

Sans nous faire aucune illusion sur la valeur du procédé et sur la fragilité de ses conséquences, il nous a semblé que les personnes, en fort grand nombre dans notre région, intéressées à la production du vin, ne dédaigneraient pas une sorte de statistique succincte, qui ferait passer sous leurs yeux la constatation des diverses récoltes qui se sont succédé depuis la première année de ce siècle, jusques et y compris celle qui vient de clore en 1877, l'évolution vinicole de nos contrées.

Bien que cette statistique soit destinée à noter l'état de ces récoltes année par année, par qualités et quantités approximatives, les effets de la température qui les a favorisées ou qui leur a été contraire, leurs glorieux triomphes entremêlés d'épreuves douloureuses, et qu'il soit possible sur ce document d'établir pour une période donnée une moyenne de bien et de mal, nous ne conseillerions cependant pas à la spéculation de fonder sur ces assises, malgré leur parfaite exactitude, les bases d'aucune entreprise. Comme les pointeurs de la Roulette, les spéculateurs seraient certainement exposés à de cruelles déceptions, ayant contre eux en plus de la Rouge ou de la Noire, la gelée, la pluie, les escargots, la sécheresse, l'oïdium, le phylloxera, toutes les misères en un mot qui assiègent l'arbuste préféré de la Gironde, auquel la Providence toutefois n'épargne pas ses divines compensations.

Avant d'aller plus loin et d'entrer dans le cœur de son sujet, l'auteur de ce petit livre doit avouer humblement que ce qu'on y trouvera digne d'intérêt n'est pas son œuvre, et que le lecteur, en tout ce qui lui paraîtra revêtir quelque mérite, devra faire remonter sa gratitude à la mémoire d'un grand homme de bien, lequel a figuré avec éclat parmi ceux qui ont été l'honneur du commerce des vins sur notre place, et dont il croit devoir taire le nom pour ne pas troubler dans son séjour éternel cette âme délicate qui fut durant son passage en ce monde un exemple de supériorité et de modestie.

On comprendra que, dans le cadre que nous venons d'indiquer, toutes considérations générales sur les vins seraient hors de propos. Nous allons donc sans autre préambule ouvrir la liste des récoltes du siècle, en nous bornant à enregistrer le plus sobrement possible leurs qualités et leurs défauts.

— 1800 —

En commençant le siècle par cette année, nous ne nous dissimulons pas que nous ouvrons le champ à de vives controverses. Beaucoup de gens soutiendront que 1800 n'est pas le commencement de ce siècle, mais la fin du précédent. Sans entrer dans une interprétation que nous avons entendu discuter plus d'une fois autour de nous et qui montre combien, à l'aide d'une subtilité, on peut embrouiller dans l'esprit du public les points les plus clairs, nous maintiendrons ce titre, ne fût-ce que pour utiliser tous les renseignements en notre possession, au nombre desquels il faut ranger ceux qui remontent à cette époque.

1800, nous devons le déclarer, ne mérite pas, du reste, l'honneur que nous persistons à lui faire. Ce fut une année médiocre, bien faite pour figurer plutôt à la queue qu'à la tête d'une nomenclature.

— 1801 —

Cette année trompa tout le monde. On la crut bonne dans le principe; on la paya conséquemment fort cher. Mais elle ne donna lieu qu'à des déceptions. Elle tourna mal, et finalement alla prendre place à côté de celle qui l'avait précédée.

— 1802 —

1802 vient confirmer le proverbe qui dit que les jours ou les années se suivent et ne se ressemblent pas. 1802 fut une année excellente, payée cher, mais qui justifia son prix. Les premiers vins furent vendus 2,400 fr. le tonneau. Les deuxièmes, 2,100 fr.

— 1803 —

Année bonne, mais délaissée par le Commerce. En premier lieu, par suite des circonstances fâcheuses des temps; en second lieu, par suite de la

spéculation heureuse et des bénéfices réalisés sur
1802.

— 1804 —

Année bonne, égale en qualité à 1803, mais
dans les mêmes conditions et frappée par les
mêmes causes. Le Commerce avait perdu son
assurance et se montrait très-réservé en fait de
spéculation. L'horizon était chargé de points noirs
peu encourageants pour les entreprises commer-
ciales de toute sorte.

— 1805 —

Année meilleure que les précédentes, mais in-
vendue. L'état politique continuait à suspendre
toutes les transactions. Les affaires étaient mortes.
Les vins blancs furent excellents.

— 1806 —

. **Année mauvaise. Vins détestables.**

— 1807 —

A son début cette année fit naître les plus douces espérances. On la crut parfaite. Une Maison Suisse, soutenue par des capitalistes de la même nation, se lança dans une opération colossale sur ces vins. Les premiers crûs furent payés très-cher pour l'époque. Ils atteignirent le prix de 2,400 fr. Les autres proportionnellement. Toutefois, les décrets de Berlin et de Milan étant survenus à la suite des ordres du Conseil en Angleterre, cette grande opération fut ruinée. Les Maisons Anglaises rachetèrent alors les premiers vins 1,800 fr., les deuxièmes 1,500 fr., et au moyen de licences, ces vins purent s'écouler en Angleterre avec avantage.

— 1808 —

Année médiocre, vendue bon marché, 1,200 fr. les premiers crûs.

— 1809 —

Année déplorable, aussi mauvaise que 1806. On peut en juger par le prix des premiers crûs qui flotta entre 500 et 600 fr.

— 1810 —

Année médiocre, dans la gamme de 1808, mais un peu plus dure.

— 1811 —

Année de la comète! Année excellente, devenue fameuse dans les fastes vinicoles. Malgré sa supériorité incontestable elle fut délaissée par la généralité des acheteurs, chez lesquels les événements politiques de l'époque avaient jeté le plus profond découragement. Deux Maisons cependant, excitées par les bas prix, tentèrent l'aventure et se mirent en avant. Elles achetèrent presque tous les grands crûs : les premiers, à 800 fr.; les deuxièmes, à 500 fr. Nous verrons en 1848 les mêmes chiffres se reproduire.

— 1812 —

Année bonne, mais écrasée par les qualités éminentes de 1811, et surtout par les événements devenus de plus en plus inquiétants.

— 1813 —

Mauvaise année, mais moins défectueuse cependant que 1806 et 1809.

— 1814 —

Année trompeuse comme l'avait été 1801. On la crut bonne à l'origine. La paix étant survenue lui donna une forte poussée. Une Compagnie anglaise en fit l'objet d'une grande opération dans le genre de la spéculation des Suisses en 1808. Les premiers crûs furent payés 2,400 fr., les deuxièmes restèrent entre les mains des acheteurs de la place, qui purent les écouler. Mais faute de capitaux suffisants, faute d'entente et faute surtout de connaissances pratiques, les spéculateurs anglais virent s'effondrer leur entreprise, à laquelle la bonne qualité de la récolte suivante vint porter le dernier coup et qui aboutit de la sorte à une perte presque totale.

— 1815 —

Année excellente, la meilleure du siècle. Elle possédait toutes les qualités, le corps, le moelleux, le bouquet. Les premiers crûs se vendirent 3,350 fr., et les autres à l'avenant, bien qu'il y eût abondance. La paix permettait aux consommateurs étrangers dont les caves étaient vides de renouveler leurs approvisionnements. Les circonstances continuaient d'ailleurs à être favorables, et tout le monde réalisa des bénéfices.

— 1816 —

Probablement la pire année du siècle. Il ne cessa presque pas de pleuvoir depuis le mois de mars jusqu'en octobre. En présence du déplorable résultat qui les attendait, beaucoup de propriétaires ne prirent pas la peine de vendanger, et laissèrent pourrir sur pied une récolte qui ne pouvait donner que du vinaigre et empoisonner les cuviers.

— 1817 —

Mauvaise année, peu abondante. Toutefois, comme 1813, elle se vendit passablement cher par suite de l'épuisement des stocks. Mais les vins restèrent durs, presque imbuvables, et les spéculateurs y firent de grandes pertes.

— 1818 —

Encore une année mauvaise. Au début on la crut bonne et on la paya fort cher. Mais elle ne tarda pas à mal tourner, et en définitive occasionna comme 1801, 1814 et 1817, des pertes sensibles.

— 1819 —

Année abondante. On en conçut la plus mauvaise opinion, de telle sorte qu'elle se vendit très-bon marché, et donna lieu conséquemment à beaucoup d'affaires. Mais peu à peu les sinistres prédictions qui avaient accueilli ces vins s'évanouirent. En dépit des prévisions, ces derniers tournèrent très-bien et firent une fin excellente.

— 1820 —

Année médiocre, payée passablement cher. On la croyait bonne. Elle tourna au sec comme les 1808 et ne donna que des pertes.

— 1821 —

Année un peu meilleure. Assez chère en raison de sa qualité. En somme, n'inspirant pas de confiance, peu recherchée et justifiant en fin de compte toutes les appréhensions qu'elle avait fait naître.

— 1822 —

Cette année est restée dans les souvenirs des vieux vignerons comme remarquable par sa précocité. La récolte put être rentrée entre le 25 août et le 1er septembre. Il fit un temps admirable depuis le 1er mai jusqu'aux vendanges. Les vins furent chers en Médoc et tournèrent très-bien. Les vins blancs des graves de Sauternes furent excellents. Cette année vient à l'appui du dicton : *Il ne faut jurer de rien*. Le 20 avril, en effet, une forte gelée avait ravagé la vigne déjà très-avancée, et on considérait généralement la récolte comme perdue sans retour.

— 1823 —

Année abondante et s'annonçant bien. Elle donna lieu à une grande spéculation à bas prix pour l'époque. Mais cette spéculation fit une mauvaise fin, par suite du système prohibitif qui

prenait pied en France sous l'influence des maîtres de forges.

— 1824 —

Récolte abondante. Mais les vins sont verts, durs et d'un goût détestable. Ne mérite d'être enregistrée que pour mémoire.

— 1825 —

Cette année peut être considérée comme ayant marqué une des époques les plus brillantes du commerce des grands vins de Bordeaux. La récolte fut des plus abondantes et la qualité sembla répondre à la quantité. Dès le début les prix s'établirent au plus haut, et l'on vit les Maisons dites Anglaises entrer en lutte avec divers spéculateurs, notamment les Allemands et les Suisses. Il se fit de part et d'autre de forts achats, tous les spéculateurs s'attendant à trouver en Angleterre des débouchés lucratifs. Mais les droits sur nos vins ayant été augmentés, les achats faits par les étrangers eurent la fin la plus malheureuse, et ceux des Maisons dites Anglaises ne laissèrent plus les bénéfices d'autrefois. L'élévation des prix et l'élévation des droits combinées éloignaient le consommateur, qui commençait à faire défaut et se dégoûtait peu à peu de nos vins.

— 1826 —

Année médiocre si on la compare à 1825. Elle se vendit pour l'Allemagne et la Hollande. Ce n'était pas, bien s'en faut, un mauvais vin. La récolte fut passablement abondante.

— 1827 —

Bonne année, meilleure que 1826, mais inférieure à 1825. Très-abondante. Sa position à la suite des deux années précédentes lui fit tort. Néanmoins, son vin s'est très-bien conservé, et les prix, comme ceux de 1826, furent assez modérés.

— 1828 —

Année peu appréciée dans l'origine, si ce n'est par les Maisons Allemandes et Hollandaises, qui achetèrent sans arrière-pensée et qui payèrent des prix très-hauts. Les crûs de Mouton et de Pichon vendirent 800 fr. le tonneau. Ces vins légers et tout à la fois séveux ont fait un excellent emploi, même en Angleterre, qui n'en reçut toutefois qu'une petite quantité. Les Mouton 1828 ont duré jusqu'en 1852 dans certaines caves, et d'autres 1828 ont fourni une très-honorable carrière.

Ici vient naturellement se placer une anecdote qui fit dans le temps trop de bruit à Bordeaux, pour la passer sous silence. A cette époque l'Angleterre était représentée dans notre cité par un consul fort répandu dans la haute Société. M. Scott, c'était son nom, avec les grandes façons anglaises, avait adopté les mœurs aimables de la localité, qui en avaient fait un gentleman accompli. C'était un homme de goût, fort amoureux des choses de l'art, et que son esprit éclairé avait fait placer à la tête des fondateurs de la *Société des Amis des*

Arts, créée en vue d'encourager et de propager la peinture. Nous rendrons en passant cet hommage à sa mémoire, que son zèle et son dévouement ont puissamment contribué au succès de cette Société, aujourd'hui florissante.

Un homme doué d'instincts délicats doit nécessairement, s'il ne l'est pas, devenir à Bordeaux un gourmet émérite. Aussi la cave de M. Scott étaitelle savamment garnie, et savait-il boire. Il aimait à réunir à sa table quelques amis d'élite, et, n'ignorant pas que rien ne dispose mieux l'estomac que le plaisir des yeux, il tenait essentiellement à la mise en scène de son couvert. Ce couvert était une merveille. Il respirait un air de riche simplicité en même temps que de haut comfort.

En entrant dans la salle à manger, l'aspect de cet étalage irréprochable et attrayant de vaisselle et de crystaux, vous pénétrait d'une douce admiration, et on était porté à se découvrir comme devant une chapelle. Nous aurons fait connaître jusqu'à quel point M. Scott poussait le raffinement du service, en disant que des cuves en crystal remplies d'eau bouillante étaient affectées au bain préalable des couteaux et fourchettes à dépecer, M. Scott n'admettant pas que l'on pût introduire dans un rôti fumant une froide lame d'acier, sans opérer sur le point attaqué une réaction dommageable.

Un jour donc M. Scott avait réuni quelques convives, au nombre desquels se trouvait un homme que la révolution de février avait rendu fort populaire à Bordeaux, et qu'en raison de sa résistance aux insanités démocratiques d'alors et de l'autorité que lui donnaient sur le parti conservateur la décision de son caractère et une fortune considérable, on avait surnommé *Le Roi d'Aquitaine*. Tout le monde reconnaîtra à ce portrait M. Duffour-Dubergier, le maire de Bordeaux en ces temps agités.

Nous ne nous arrêterons pas sur le défilé des vins des meilleurs crûs et des meilleures années qui se succédèrent sans interruption, accompagnés des commentaires pittoresques de ces buveurs éminents. Nous avons hâte d'arriver à une bouteille, couronnement de l'édifice. Après avoir fait légèrement tournoyer le contenu pour en développer la saveur et le bouquet, après en avoir aspiré les parfums, après y avoir trempé leurs lèvres, tous les convives posèrent religieusement leurs verres, en lançant à l'amphytrion, au milieu d'un flot d'exclamations enthousiastes, un regard interrogateur.

Ce vin, Messieurs, dit M. Scott, est du Mouton 1828.

Scott, demanda aussitôt M. Duffour-Dubergier, combien vous en reste-t-il de bouteilles?

Malheureusement, répondit M. Scott, il ne m'en reste plus que douze.

Eh bien! Scott, reprit M. Duffour-Dubergier, je vous propose une affaire. Douze bouteilles, douze mille francs.

Stupéfaction générale.

Vous me demandez là, mon cher, répliqua l'amphytrïon, sans se laisser émouvoir, une chose impossible. Mais pour vous montrer mon désir de vous être agréable, je consens à partager avec vous, et nous dirons alors : Six bouteilles, six mille francs.

Mon cher Scott, reprit M. Duffour-Duvergier, si je paie du vin mille francs la bouteille, c'est à la condition d'être le seul à en faire boire à mes amis.

Soit, dit M. Scott avec l'admirable flegme britannique dont il ne s'était pas départi, n'en parlons plus; et se tournant vers son valet de chambre : Servez-nous, lui dit-il, deux autres bouteilles de Mouton 28.

— 1829 —

Année détestable et on peut ajouter désastreuse. Au mois de juillet cependant, elle promettait les plus belles vendanges. Dès le 13 juillet le raisin était tourné; dans les Côtes et le Médoc tout marchait à merveille. Il en fut ainsi jusqu'au 29 juillet. Ce jour-là même, un orage impétueux accompagné de grêle, s'abattit sur nos campagnes et détruisit toutes les récoltes dans un rayon immense de 130 kilomètres; les vignes furent hachées. Au lieu de la grande quantité de bon vin qu'elles promettaient encore la veille, elles ne fournirent qu'une vendange exécrable. Les premiers crûs vendirent 300 fr., et c'était cher, car à l'issue des vendanges le vin était tout à fait mauvais. Il s'améliora un peu plus tard, au point de valoir les 1809, et on a vu vendre à 1 fr. 50 c. la bouteille, des Lafite et des Latour provenant de la catastrophe mémorable qui dévasta nos vignobles. L'année qui suivit a été appelée, *l'année du grand hiver*. L'hiver de 1829 à 1830 commença en effet le 13 décembre 1829 pour ne discontinuer qu'en février 1830.

— 1830 —

Année disetteuse, mais bon vin. On ne récolta guère qu'un dixième d'une année ordinaire. Le froid atteignit 20 degrés centigrades au-dessous de zéro. Les vignes furent en grande partie gelées en terre, et la destruction des ceps obligea à la replantation du plus grand nombre des vignobles, dans le Médoc comme partout ailleurs. Les vins se vendirent un bon prix, mais il n'y eut que peu ou point d'affaires. La révolution de 1830 arrivant sur ces entrefaites y avait jeté la plus grande perturbation.

— 1831 —

Bonne année. Prix élevés. Un cinquième de récolte environ. Spéculation sur les grands vins, notamment sur Latour, qui fit 30 tonneaux. L'effet des événements politiques et les tarifs toujours de plus en plus protecteurs entravent de plus en plus aussi les ventes et les achats.

— 1832 —

Vin coloré, droit, mais dur et fâcheusement dépourvu d'agrément au goût.

— 1833 —

Vin léger, séveux; un vin de 1823 en petit.

— 1834 —

Très-bonne année. Réussite exceptionnelle dans deux grandes communes du Médoc, Saint-Estèphe et Pauillac, ainsi que dans diverses autres communes et le Bourgeais. Dans la paroisse de Saint-Julien, au contraire, absence de qualité dans presque tous les crûs. On se souviendra longtemps des vins de Lafite, de Mouton, de Calon 1834. Il est douteux qu'il en reste encore. Mais nous pouvons rappeler qu'à la vente de lord Henry Seymour, qui eut lieu à Paris, des *magnum* de deux bouteilles se sont vendus 30 fr. et au-delà. Dans ce qu'on a appelé les vins réussis, on a retrouvé plus que dans aucun autre les qualités de 1815. Cette année fut abondante. Elle a fait pendant longtemps le service des bonnes tables, s'il est permis de s'exprimer ainsi, à la suite de la disette causée par les désastres de la tourmente de 1829.

— 1835 —

Année faible, séveuse, moins complète toutefois que 1833.

— 1836 —

Meilleure que les 1835, mais laissant encore beaucoup à désirer.

— 1837 —

Année trompeuse. On la crut bonne d'abord, mais elle fit un fiasco complet. Les prix du début

furent élevés, sans atteindre cependant ceux des
grandes années, et finalement le Commerce y perdit
bien plus qu'il n'y gagna.

— 1838 —

Meilleure en réalité que la précédente, mais au
total médiocre.

— 1839 —

Encore une année médiocre. Prétentions élevées
mais non justifiées.

— 1840 —

Le besoin que l'on ressentait de revenir aux
bonnes années fit croire à bien des gens que leurs
désirs étaient réalisés et que 1840 ferait époque.
Il n'en fut rien. Cette année fut supérieure aux
cinq dernières qui l'avaient précédée, mais sans
dépasser ce qu'on pourrait appeler un honnête

niveau. Ce vin avait de l'agrément, une assez jolie couleur, mais pas de tenue. Prix moyen.

— 1841 —

Année fort abondante. Depuis six ans on avait éprouvé tant de déceptions, qu'on ne se livra aux achats qu'après avoir bien sondé le terrain. Aussi les prix furent-ils modérés. Les propriétaires n'osèrent pas tenir la dragée trop haute dans la crainte d'éloigner les marchands, et sur le terrain de concessions mutuelles, la spéculation prenant un grand essor, finit par réussir. Les 1841 ont bien tourné. Ils étaient d'un prix modeste dont les acheteurs et les consommateurs ont été satisfaits. Ils ont duré jusque vers 1860. Les Lafite ont été excellents. Les Château-Margaux ont été moins bons. Les Latour, inférieurs aux Lafite, valaient mieux que les Margaux.

— 1842 —

Année faible, mais séveuse, ce que l'on appelle généralement une année allemande. C'est aussi en Allemagne que cette année a vu écouler ses vins.

— 1843 —

Pour mémoire. Année aussi mauvaise que 1829.

— 1844 —

Année abondante, une des plus complètes du siècle. Elle comportait couleur, rondeur, séve et corps sans trop de dureté. Cette année fut bonne dans tous les vignobles rouges. Les vins blancs, que l'on croyait d'abord bons, n'eurent pas de qualité. Les 1844 furent déclarés bons dès qu'on les eut goûtés. Ils ne trompèrent personne. Les prix furent élevés. On fit pour l'Angleterre de forts achats qui n'ont pas eu une fin aussi satisfaisante qu'on aurait pu l'espérer. Notre système protecteur, provoquant le maintien des droits élevés dans la Grande Bretagne, il s'en suivit naturellement une forte hausse sur les prix, ayant pour conséquence une diminution notable dans la consommation.

Toutefois, pour ceux qui eurent le courage de mettre les grandes masses de vins achetés en bouteilles, le résultat n'a pas été mauvais. Bien que les Anglais et que les États-Unis, qui commençaient à être alors comme la France un pays de consommation de nos grands vins, habitués déjà à payer des prix assez élevés résistassent d'abord aux prix de 7 à 8 fr. la bouteille auxquels revenaient les premiers crûs de 1842 et 1844, ils finirent par succomber, et n'ont pas dû s'en repentir. Ce vin est encore complet. C'est un vin de durée. Et aujourd'hui que les petits lots qui restent sont âgés de 33 ans et ont 29 ans de bouteille, il est difficile de trouver un meilleur vin; 1844 est une année qui a été favorisée de tous les dons que comporte le bon vin de Bordeaux dans les grandes réussites.

C'est du 1844 que, dans un dîner d'apparat, où chaque convive faisait dans le langage pittoresque des gourmets de la Gascogne l'éloge de ce breuvrage divin, disant : il a du trait; il a de la longueur; il a de la mâche; il a de la chair, invité par la maitresse de la maison, à la droite de laquelle il était assis, à émettre son opinion, un général répondit : *Il a de la cuisse*. Le mot est resté.

— 1845 —

1845, qui suivit cette année si excellente, fut loin d'avoir ses mérites. On peut la ranger à côté de 1806 et 1809, qui ont été classées dans les plus mauvaises. Depuis 1809, durant une période de dix-sept années, y compris 1845, on ne peut constater de réussite complète que pour quatre années. Deux années, 29 et 45, ont complètement échoué, et il y a eu onze années médiocres. Cette proportion est heureusement rare. Beaucoup d'observateurs avaient cru remarquer des écarts plus équitables dans la répartition des années bonnes, médiocres et mauvaises.

— 1846 —

Année bonne en général. Au début les prix pour les grands crûs furent élevés, mais réduits bientôt par l'abondance et la qualité des 1844, dont l'écoulement de plus en plus entravé par les prohibitions internationales, ne s'opérait que difficilement. La commune de Saint-Julien fut grêlée

presque en entier, et les vins faits sans soins et le
triage voulu, ne purent se vendre que mal,
longtemps après. Ceux au contraire, à l'égard
desquels on exerça une grande surveillance en
opérant un triage rigoureux, acquirent une qualité hors ligne. Ils ont valu jusqu'à 15 fr. la bouteille, tandis que les autres ne furent vendus qu'à
grande perte.

— 1847 —

Année très-abondante, méconnue d'abord. On
la crut trop faible et elle fut peu recherchée. Les
agitations politiques rendaient d'ailleurs toutes les
affaires difficiles. On commençait à craindre des
catastrophes. La débâcle survint quelques mois
après les vendanges. En présence de la révolution de février, les Maisons de vins hésitèrent
à faire des achats. Ce n'est qu'un peu plus tard
que des négociants avisés, bien maîtres de leurs
mouvements, profitant des bas prix de la crise,
firent des achats considérables. Lafite fut acheté
en entier par une Maison allemande au prix de
1,000 fr. Latour, qui était affermé ou abonné

comme on dit, fut revendu à 70 pour 100 de perte, ainsi qu'une partie de Château-Margaux.

Cette année, dont les vins durent encore, et sont en général excellents, a donné à la spéculation et au Commerce des résultats magnifiques. Plus abondante que 1846 et plus moëlleuse, également réussie partout, elle nuisit notamment, par son bon marché et sa bonne qualité, aux 1844 et aux 1846, vins fermes et très-chers.

Les vins blancs de Sauternes furent encore meilleurs que les vins rouges. Les 1847 d'Yquem et de Coutet firent époque. La révolution, toutefois, avait jeté un tel désarroi dans les esprits, que les premiers furent vendus 700 fr. le tonneau, partie de la récolte seulement. Plus tard les mêmes vins furent vendus 16,000 fr. le tonneau, ainsi qu'en témoigne le bordereau du courtier enchassé dans un cadre doré et cloué sur un foudre. Aujourd'hui, il en existe encore quelques échantillons épars dans les meilleurs caveaux, qui trouveraient facilement des preneurs au prix de 50 fr. la bouteille.

— 1848 —

Vins encore meilleurs et presque aussi abon-
dants qu'en 1847. Au début ils ont plus de corps
et sont d'une couleur et d'une qualité qui parais-
sent parfaites. Il a fallu une crise financière et
politique sans exemple, pour arrêter l'élan de la
spéculation. On n'acheta que très-prudemment et à
des prix qui rappellent ceux de 1811. Mais, quoi-
que soit, on acheta, et les achats tournèrent à merveille plus tard. Latour fut favorisé en 1848 d'une
réussite exceptionnelle et prima les autres premiers
crûs.

Ces vins sont, avec 1802, 1811, 1815, 1825,
1834 et 1844, dans la catégorie des vins excellents.

Les vins de 1805, 1808, 1812, 1822, 1831,
1841 et 1847 ne viennent, aussi bons qu'ils soient,
qu'après les années supérieures que nous venons
de mentionner.

— 1849 —

Cette année aurait été réputée bonne si elle ne
fût venue après trois années comme 46, 47 et 48.

La récolte fut abondante, et bien qu'inférieure en qualité à 1846, elle a fait en général une bonne fin. C'est dans cette année que le bruit de l'oïdium attaquant nos récoltes commença à se répandre. Cette rumeur n'excitait l'attention que de quelques bons esprits, auxquels la maladie de la pomme de terre avait fourni des enseignements. Les savants et les praticiens s'en préoccupaient vaguement, sans trop savoir comment combattre le fléau, s'il s'attaquait aux grands vignobles du Médoc.

Le mal ayant promptement fait de grands progrès, tous les intéressés, justement alarmés, se liguèrent alors pour le combattre. Les sauveurs se multiplièrent à l'infini préconisant chacun un remède infaillible. On poussa l'amour de la guérison jusqu'à conseiller d'arracher les vignes atteintes et de les remplacer par de nouvelles plantations. Heureusement cet expédient héroïque ne fut pas adopté; on était toujours à temps d'y recourir. A force de recherches on finit par mettre la main sur la vérité. — Le soufrage ne tarda pas à être pratiqué sur la plus grande échelle, et est resté jusqu'à ce jour le moyen le plus simple, le plus expéditif, le plus économique et le plus sûr de combattre et de vaincre cet abominable fléau.

— 1850 —

Année de qualité médiocre, moins bonne que 1838 et meilleure que 1845, mais au total indigne d'être notée.

— 1851 —

Bonne année, dans le genre de 1841, moins élégante, mais un peu plus corsée; a fait une très-bonne fin. C'est un type qu'on peut vérifier souvent, car elle est encore aujourd'hui bonne à boire et fait suite aux 1847 et 1848 sur les bonnes tables. 1847 commence à devenir très-rare, mais, malgré ses vingt-huit ans de bouteille, il reste dans la catégorie des nectars exquis, tandis que 1848 n'a pas encore atteint ce que nous appellerons sa complète maturité.

1847 a été le triomphe de Château-Margaux qui, on peut le dire, a atteint les dernières limites de la perfection. Il en existe encore de rares bouteilles dans quelques caves privilégiées. Ceux qui ont eu dans ces derniers temps la bonne fortune d'en boire, en conserveront un souvenir ineffaçable.

On ne s'en étonnera pas quand on saura combien ont duré les 1815 et les 1834, qu'on peut boire encore à des tables exceptionnelles dont les amphitryons ont su en conserver quelques échantillons, malgré le dicton qui prétend que les bonnes choses ne se gardent pas.

— 1852 —

Année abondante. Très-séveuse, mais très-faible. On en voit paraître encore dans les ventes publiques. C'est une année comme 1842, de celles que l'on appelait une année allemande, année à bas prix, de qualité inférieure, sans toutefois être mauvaise.

Mais, aujourd'hui, Allemands, Russes, Anglais, Américains, Hollandais, n'ont plus que le même goût, le goût des vins corsés qui unissent le moëlleux à la vinosité. Nous ne sommes plus au temps où ce bourgeois de Bordeaux avait, sur le point culminant de Saint-Julien, trois pavillons pour Laroze, comme signal des qualités de l'année.

M. Gruaud laissait, dit-on, flotter le pavillon français quand les vins étaient mauvais. Il arborait le hollandais quand la qualité était passable, et l'anglais quand elle était supérieure. Aujourd'hui, tout le monde veut les vins quand ils sont bons, et les délaisse quand ils sont médiocres, malgré l'étiquette des crûs les plus renommés.

— 1853 —

A mettre au nombre des mauvaises années. L'oïdium a gagné à peu près tous les vignobles, grâce à l'excès d'humidité qui en a favorisé l'expansion. La récolte a été infectée et en partie ruinée.

— 1854 —

Les progrès de l'oïdium continuent; son invasion a gagné tous les vignobles du Médoc, en dépit des soufrages pratiqués par M. de La Vergne, à Macau, et M. Duchâtel, à Saint-Julien, imités avec plus ou moins de succès par les autres propriétaires.

Les vendanges, néanmoins, ont lieu dans les

meilleures conditions, en apparence du moins.
Les affaires avaient repris. Les 1854 se vendirent
à de beaux prix. Le Commerce avait bon espoir.
Il comptait sans l'oïdium avec lequel il n'avait
pas fait encore suffisamment connaissance. Les
vins promettaient beaucoup. Ils avaient du corps,
de la couleur, de la séve, du bouquet. Mais
ils portaient, en outre, le germe corrupteur
qui devait les empoisonner plus tard et infliger au
marchand et au consommateur les plus cruels
mécomptes.

— 1855 —

Mauvaise année par suite des ravages de l'oïdium. Malgré les remèdes employés, le fléau
exerce partout ses funestes effets. La science et
les praticiens ne sont pas encore maîtres de pro-
cédés assez parfaits pour le combattre victorieu-
sement.

— 1856 —

Bonne année à ne compter que sur les apparences. Année défectueuse et presque nulle par

suite de l'action pernicieuse de l'oïdium. 1855 et 1856, deux années à passer sous silence, victimes infortunées de cet abominable fléau et vouées par tous les intéressés aux dieux infernaux.

— 1857 —

On se rappelle avec quelle rapidité l'oïdium s'était abattu sur nos contrées. La richesse de la Gironde se trouvait menacée dans sa source la plus féconde. Les 1854 et 1856 qui, dans un état normal, auraient dû rapporter des millions, avaient pris le caractère de véritables catastrophes. Aussi, dès le commencement de 1857, vit-on les propriétaires de tous les crûs, bourgeois, artisans, paysans, combattre jusqu'aux vendanges, avec la plus ardente émulation, le soufflet à la main. Tant d'efforts furent couronnés de succès. L'année 1857 fut sauvée. Sans être supérieurs, les produits de cette année ont pu s'exporter et se boire. Ils durent tenir lieu des récoltes perdues et combler le large déficit que les dernières avaient occasionné dans la production et la consommation. Ils ont été pour la France et l'Allemagne d'un bon emploi.

— 1858 —

Le bon résultat obtenu dans l'année précédente par les persévérants efforts des viticulteurs fit renaître les espérances dans l'esprit de ces derniers et les confirma dans leur résolution de continuer la lutte dans laquelle ils venaient d'obtenir un véritable triomphe. Les 1854 tiraient déjà à leur fin. Les grands et petits vins mis en bouteilles se trouvaient compromis. Il y avait par conséquent un immense intérêt à veiller au salut de la prochaine récolte.

1858 s'ouvrit donc au milieu de vives appréhensions. Comme pour les dissiper, les mois de mars et de février favorisèrent la végétation, qui continua à être servie à souhait jusqu'aux vendanges par une température exceptionnelle. Bref, les vendanges aboutirent sans encombre, et furent commencées par le meilleur temps que l'on pût désirer.

Tout vint à point. Les soufrages avaient été très-actifs; aucun indice inquiétant n'était apparu sur la vigne. Dès que la récolte fut en cuve, tout

le monde acclama 1858 comme un succès. Blancs
et rouges furent également favorisés. Ils sont considérés avec raison comme les meilleurs produits,
à citer après ceux de 1848, qui fut, pour les
rouges du moins, une année hors ligne. On a
essayé de comparer ces deux années entre elles.
Entreprise difficile. L'une est venue avant, l'autre
après l'oïdium. Les 1848 ont dix ans de bouteille
de plus que les 1858. Ces derniers auront-ils dans
dix ans autant de corps et de fraîcheur que les
1848?

— 1859 —

Dès le principe, 1859 donna beaucoup à espérer.
On ne se lasse pas du bien. Mais les fluctuations
de la température furent grandes. Deux ou trois
fois, en août, des chaleurs excessives firent périr de
nombreux ceps, frappés de coups de soleil. Les
apparences étaient belles dans les Graves et dans
le Médoc. On vendangea de bonne heure, et on
fit passablement de vin. La récolte fut l'objet de
spéculations importantes de la part de plusieurs
Maisons. Mais le vin tourna mal. Comme en 1854
et 1856 l'oïdium, sans détruire le raisin, l'avait

infecté de son virus, qui se retrouva plus tard, et porta un coup terrible à la spéculation. 1859 a donc été une année mauvaise, si on se reporte à son résultat, et l'oïdium a exercé sur elle la plus pernicieuse influence.

— 1860 —

Abstraction faite de l'oïdium, une de ces années néfastes qu'on ne cite qu'avec douleur, ruineuse pour la Propriété et le Commerce. Elle a sa place marquée dans la science de l'observation vinicole, comme type détestable en quantité et en qualité.

— 1861 —

Année très-précoce, comme 1814. Les bourgeons se montrèrent sur la vigne dès le mois d'avril.

Dans les premiers jours de mai, ils avaient une dimension notable, espoir et terreur des vignerons.

Dans la nuit du 6 au 7 mai tous les vignobles furent gelés. On a vu rarement un désastre plus général. Cependant, le reste de l'année fut beau. La vigne, sous l'heureuse influence de cette température, regagna une apparence de vigueur. Les repousses donnèrent une quantité de raisins que personne n'aurait osé espérer. Les vendanges furent assez abondantes, mais trompèrent les spéculateurs inexpérimentés. Les Maisons Allemandes donnèrent le signal des achats, et entraînèrent à leur suite le reste du Commerce qui fut pris d'une sorte d'engouement inexplicable. Les vins furent trouvés séveux et délicats au début. Ils se vendirent très-cher; les Bourses du temps virent les acheteurs se livrer à une sorte de course au clocher, et dans chaque tenue il se fit pour plusieurs millions d'affaires.

Malheureusement ce n'était là qu'un échafaudage sans bases, qui ne tarda pas à crouler. Par suite du manque de corps, les vins de 1861 firent une fin déplorable. Ils ne purent résister longtemps à l'épreuve de la bouteille. Beaucoup de ces vins furent inbuvables. On dut, pour les sauver d'une perte totale, les mélanger avec la récolte qui suivit, avec les 1862. Il est inutile d'ajouter que la spéculation fit des pertes immenses.

— 1862 —

Cette année n'a pas tourni une récolte très-abondante, mais sous le rapport de la qualité, elle peut être rangée dans la catégorie de ce qu'on appelle les vaches grasses. Ses vins ont été élégants, pleins d'agrément, et ont obtenu de bons prix.

— 1863 —

Année au-dessous du médiocre. On aura une idée assez exacte de sa valeur lorsque nous aurons dit qu'en 1869 des Château-Latour 1863, mis en vente publique, n'ont atteint que péniblement, aux enchères, le prix de 1 fr. 10 c. la bouteille. Vache maigre et très-maigre.

— 1864 —

Grande et bonne récolte. Les 1864 ont été des vins moëlleux, élégants, distingués, manquant peut-être un peu de corps, mais rachetant ce défaut par un bouquet des plus pénétrants. Ils n'étaient pas doués des qualités qui présagent une grande durée, et, à l'heure qu'il est, il ne s'en trouve plus que de rares bouteilles. Ils ont pu et ont du être mis en consommation de bonne heure, et ils ont donné aux gourmets les jouissances qu'on était en droit d'en espérer.

— 1865 —

Récolte abondante, inspirant dès l'origine, au Commerce, une grande confiance. Les achats qui se portèrent d'abord sur les vins communs commencèrent avant la Noël. Mais bientôt les grands vins furent recherchés avec empressement, et il se fit aux environs de janvier 66 des transactions considérables dans les hauts prix. On s'attendait à ce que 64 porterait tort à la récolte suivante, et à ce que le Commerce, qui avait rempli ses chais et vidé ses caisses, se montrerait très-réservé. Mais le Commerce se dit sans doute qu'on est rarement embarrassé avec des vins de bonne qualité, et il n'hésita pas devant des sacrifices qui vidaient son portefeuille.

Les 1865 ont été et sont encore de bons vins, mais il y a eu des exceptions. Tous, en effet, n'ont pas bien tourné. Les vins ont parfois un caractère, nous voulons dire une nature capricieuse, qui demande à être surveillée de près. Ils sont comme les enfants que leurs nourrices ne peuvent pas abandonner à leurs caprices, sans les exposer à de grands dangers; il est nécessaire de les contenir et au besoin de leur donner le fouet. La nourrice des vins c'est le maître de chai, et si la sollicitude de ce dernier ne s'étend pas constamment sur certains tempéraments mal faits, ses élèves peuvent être perdus sans retour.

C'est ce qui est arrivé pour quelques excellents crûs de 65 qui, faute d'être corrigés à temps et de recevoir des soutirages assez fréquents, ont fait comme tant de fils de bonne maison, une fin déplorable. Ainsi, des vins bien classés, après avoir été l'objet d'offres élevées qu'ils ont dédaignées, ont dû être livrés plus tard à des prix dérisoires.

Il faut dire que ceux qui ont donné ce triste résultat formaient une minorité infime, et que les propriétaires du Médoc ont finalement retiré de leur récolte de 1865 des revenus magnifiques.

— 1866 —

Petite année. Vins marchands manquant de corps, mais d'un goût agréable. Leur prix fut modéré et conséquemment leur écoulement facile. Le Commerce, dont les spéculations sur les 1864 et 1865 s'annonçaient bien, fut d'autant plus porté à saisir cette année au passage que ses prix, comparativement très-doux, favorisaient la consommation dont le mouvement progressif se manifestait également au dedans et au dehors. Les relevés de douanes indiquaient, en effet, à cette date, que dans les îles Britanniques proprement dites, la consommation de nos vins rouges avait été de 422,000 gallons de plus que dans les trois premiers trimestres seulement de l'année précédente, ce qui constituait un accroissement d'environ 33 pour 100. Nous devons à l'occasion de 1866 citer un fait qui n'est pas à l'honneur de Château-Lafite. En 1869 ce crû, si justement renommé, vendit ses 1866 500 et 700 fr. le tonneau.

— 1867 —

Récolte fort éprouvée par tous les fléaux de la vigne : escargots, coulure, oïdium, grêle. Il ne lui a manqué que la gelée. Les débuts de la végétation ont été déplorables. La fin a été moins défavorable. On est arrivé aux vendanges par une bonne température, qui a sensiblement atténué le mal des premiers mois et a permis d'obtenir une demi-récolte d'un produit manquant de vinosité et de moëlleux, mais ayant toutefois une bonne couleur, une certaine finesse de goût et un joli bouquet.

— 1868 —

L'année débuta mal. Une gelée assez intense sévit du 9 au 12 mars. Puis arrivèrent dans la première quinzaine de mai des chaleurs excessives. Bref, les vendanges s'ouvrirent à la suite de ces alternatives, vers les premiers jours de septembre. La récolte fut d'une abondance au-delà de la moyenne.

La qualité fut jugée bonne. On vit alors le Commerce donner un spectacle peu ordinaire. Plusieurs spéculateurs achetèrent la récolte sur pied, et la fièvre des achats gagnant tout le monde, les transactions passèrent bientôt, avec un furieux entrain, des vins communs aux vins classés.

A certains jours d'octobre la Bourse fut transformée en une fournaise incandescente où bouillonnaient des appétits inextinguibles. Depuis longtemps les propriétaires n'avaient assisté à pareille fête. Ce n'était pas de l'entraînement, c'était du délire. Cet emportement donna naturellement une grande impulsion à la hausse, et on vit des vins à livrer, achetés 325 fr., être pris en seconde main, en moins de quinze jours à 425 et 450 fr. On estime que les ventes de la première quinzaine d'octobre atteignirent le chiffre de 100,000 tonneaux, sans pour cela que le mouvement subît un temps d'arrêt.

Des vins communs, avons-nous dit, la spéculation s'étendit bien vite sur les vins ordinaires pour atteindre les premiers crûs. A chaque bourse, il se faisait pour des millions d'affaires que l'on portait déjà en octobre à plus de 100 millions. Mouton, deuxième crû, vendit 50 tonneaux

5,000 fr.; Château-Margaux 25 tonneaux 6,000 fr.

La vivacité des ventes, l'animation des acheteurs, l'ardeur et la rivalité des courtiers donnèrent lieu, on le pense bien, à plus d'un incident dont il fut parlé.

Ainsi, un courtier entre chez un propriétaire. On le prie d'attendre. M. X. est dans son cabinet avec quelqu'un. Voilà notre homme arpentant le salon. Quel peut être ce quelqu'un ? A ce moment entre un nouveau venu, un confrère ! Si l'interlocuteur était aussi un confrère ! Avec ce sans-façon que donne l'ardeur des affaires, notre courtier entr'ouvre la porte, passe la tête, reconnaît un confrère, s'écrie « *Je les prends* », et se retire, laissant au propriétaire le soin d'inscrire son prix sur le bordereau.

Un propriétaire pressé par plusieurs courtiers, et ne voulant en blesser aucun, propose de recevoir leurs offres séance tenante par soumissions cachetées. Les bulletins sont rédigés, jetés dans un chapeau, ouverts successivement et la vente est conclue avec le plus offrant.

Plus tard, le 25 mai 1870, 2,000 barriques de 68 offertes en vente publique étaient retirées, n'ayant trouvé que des prix désastreux.

— 1869 —

Année égale en quantité et en qualité à 1868, mais très-inférieure quant au prix. La fièvre des achats s'était calmée. La consommation n'avait pas suivi les emportements du Commerce. Ces vins furent reconnus bons. On n'était même pas éloigné de croire qu'ils seraient supérieurs aux 68. Dans le Médoc on leur trouvait plus de couleur. Mais avant d'acheter les nouveaux, on dut songer à se débarrasser des anciens. Quelques détenteurs essayèrent de le faire, mais il leur fallut subir des pertes. Or, on sait que Rabelais estime qu'il y a trente-six manières de se ruiner, dont la première consiste à acheter cher et à vendre bon marché.

Les vins blancs furent excellents.

— 1870 —

Du 3 au 4 et du 4 au 5 mai la gelée frappe notamment les parties basses de la Garonne et de la Dordogne où elle causa de grands ravages. Néanmoins le temps s'étant ensuite montré favo-

rable, la récolte fut abondante et de haute qualité.
Toutefois les vins de 70 furent mal servis par les
événements : la guerre qui venait d'éclater avec
la Prusse en rendit la vente difficile. Plus tard,
lorsque la paix fut rétablie, le Commerce se décida
à faire des approvisionnements.

Une fois l'élan donné, les 70 obtinrent de beaux
prix que la suite a justifiés. Ces vins sont justement considérés comme produits d'une grande
année. Ils ont pu être mis en consommation de
bonne heure et reçoivent aujourd'hui sur les meilleures tables un accueil conforme à leur mérite.

— 1871 —

Année désastreuse. L'hiver se déchaîne avec des
rigueurs exceptionnelles. Le thermomètre descend
à 18 degrés au-dessous de zéro. Ce froid excessif
ne gèle pas seulement la vigne, il la tue sur beaucoup de points. Petite récolte, comme on le pense
bien, et petits vins marchands sans vices ni vertus.
Cependant ils se vendirent convenablement en
conformité de l'adage : *Faute de grives on mange
des merles.* Chose étrange! si l'on se reporte au

temps, c'est en Allemagne principalement qu'ils se sont écoulés. Ils ont presqu'en totalité été chargés pour Hambourg. Ce sont les Allemands du Nord qui les ont bus ou les boiront; ni la France ni l'Angleterre ne les verront figurer sur leurs tables.

— 1872 —

Demi-récolte, belle couleur, mais grande âpreté. Toutefois, il a semblé que cette âpreté trouvée à la décuvaison tournait en corps en barrique. Mais l'illusion n'a pas été de longue durée. Le raisin avait mal mûri. Pour emprunter aux vignerons une expression pittoresque, les grappes n'étaient pas d'accord, c'est-à-dire qu'une partie de la grappe était mûre et que l'autre ne l'était pas. On ne fait pas de bon vin avec ces jeux bizarres de la nature.

— 1873 —

Gelée en avril, les 25, 26 et 27. Récolte restreinte chez les uns, à peu près nulle chez les autres; qualité bonne dans toute l'acceptation du mot, se rapprochant des 67 et 68. Le Commerce paie ce vin un bon prix. Cependant il n'inspire pas une confiance entière. Un homme d'esprit, fin connaisseur, interrogé sur ce qu'il en pensait, répondit: « Le vin de 73 est pour moi un gredin sous les habits d'un honnête homme. »

— 1874 —

Gelée le 4 mai. Les palus, dans le Médoc la lisière des Landes, sont rudement éprouvées, ainsi que l'arrondissement de Blaye. Néanmoins, dans l'ensemble, la récolte est abondante et la qualité excellente. Les 74 ont de la couleur, du corps, du bouquet. Ils ont été enlevés au début dans les hauts prix par le Commerce ; mais ils ont subi plus tard un mouvement de baisse.

— 1875 —

Récolte abondante, réunissant les dons aimés des propriétaires, quantité et qualité, soit de la couleur, du corps, du moelleux. Le Commerce néanmoins ne se presse pas d'attaquer les 75. En premier lieu il se trouve chargé des 74, et secondement il a en perspective l'année 1876, qui s'annonce favorablement. Cela joint à l'état général des affaires qui est loin d'être satisfaisant, porte naturellement le Commerce à la réserve. Cependant vers le commencement d'avril on remarque dans les transactions une activité consolante. Les 75 sont recherchés et atteignent les prix les plus satisfaisants.

— 1876 —

Gelées les 13 et 14 avril. La première pensée est que la récolte entière est perdue. Mais on ne tarde pas à reprendre quelque espoir, et en évaluant les dommages, on arrive à conclure qu'aussi grand que soit le mal, il ne l'est pas autant qu'on l'avait cru tout d'abord. Les propriétaires de vins blancs étaient seuls dans la vérité. Leurs vignobles fatalement atteints ne se sont pas relevés et n'ont donné qu'une production dérisoire. Les vins rouges, dont la végétation est moins précoce, n'ont pas été aussi maltraités. En somme, les vendanges finies, on a pu constater que les plus épargnés avaient obtenu demi-récolte, la grande majorité un tiers, les autres, au-dessous. Comme nous l'avons dit en commençant, après la panique du premier moment on avait repris quelque espoir. Mais ceux qui se croyaient pauvres ne s'attendaient pas à une pareille misère.

Malgré les mauvais débuts de la récolte, la qualité des vins a été jugée bonne, et le Commerce qui a commencé ses achats aux environs de novembre a payé les 76 un bon prix.

— 1877 —

Épargnée par la gelée, mais contrariée dès son origine par les longues pluies du printemps, cette année a été tout à coup favorisée dès le mois de juin par des chaleurs continues qui ont imprimé à la végétation une activité peu ordinaire. Dans le courant de ce mois, la vigne a presque regagné le temps perdu. Dès les premiers jours de juillet on pouvait constater qu'elle avait passé fleur dans les meilleures conditions. Le verjus grossissait régulièrement et les cépages de toutes les espèces, abondamment pourvus de grappes magnifiques, présageaient une abondante récolte.

Malheureusement, la chaleur persistant sans intermittence de pluie durant les mois de juillet et d'août, a déterminé une sécheresse qui a continué pendant le mois de septembre, avec cette modification dans la température toutefois que, malgré l'éclat du soleil pendant le jour, le thermomètre, pendant la plupart des nuits, est descendu au-dessous de zéro.

La sécheresse d'un côté, ce froid anormal de l'autre, ont eu pour effet de suspendre la marche de la maturité, laquelle s'est faite irrégulièrement, et de dessécher les grappes qu'il a fallu se hâter de vendanger pour les soustraire à l'action de la gelée et du vent d'est. La cueillette a donc eu lieu sous cette double influence qui a réduit la récolte d'un cinquième environ. La moindre pluie vers les premiers jours de septembre eût favorisé singulièrement la quantité et la qualité.

La récolte est encore en grande partie dans les cuves. On ne saurait donc être à l'heure qu'il est fixé sur sa qualité. Tout porte à croire cependant que les vins ne seront pas mauvais et qu'on peut, sans s'exposer à rétracter ses prophéties, la ranger d'ores et déjà dans la catégorie des années plutôt bonnes que mauvaises, ce qui nous permet de clôre notre statistique sur une assez riante perspective.

———————

Si nous résumons maintenant les renseignements qui précèdent, nous trouverons que sur 78 années, 11 ont été supérieures, 21 ont été bonnes, 16 ont été médiocres et 20 ont été mauvaises, ce qui constitue un avantage marqué en faveur des bonnes récoltes. Encore est-il juste de tenir compte dans le chiffre des années mauvaises, de l'apparition de l'oïdium qui a gâté huit récoltes environ, en dehors des injures ordinaires de la température que nous avions plus particulièrement à constater.

Les années supérieures sont : 1802 — 1811 1815 — 1834 — 1844 — 1847 — 1848 1858 — 1864 — 1865. — Soit 10.

Les années bonnes sont : 1803 — 1804
1805 — 1807 — 1812 — 1814 — 1819
1822 — 1823 — 1825 — 1826 — 1827
1828 — 1830 — 1831 — 1840 — 1841
1846 — 1849 — 1851 — 1852 — 1857
1862 — 1866 — 1867 — 1869 — 1870
1873 — 1874 — 1875 — 1876 — 1877
— Soit 32.

Les années médiocres sont : 1800 — 1801
1808 — 1810 — 1820 — 1821 — 1832
1836 — 1838 — 1839 — 1842 — 1850
1871. — Soit 13.

Les années mauvaises sont : 1806 — 1809
1813 — 1816 — 1817 — 1818 — 1824
1829 — 1833 — 1835 — 1837 — 1843
1845 — 1853 — 1854 — 1855 — 1856
1859 — 1860 — 1861 — 1863 — 1872
— Soit 22.

Quelles conséquences tirer de là? En ce qui nous concerne, nous n'entendons en tirer aucune. Ce n'est pas sur une série de chiffres entre lesquels existent des écarts si divers et si tourmentés qu'il est possible d'établir une loi. Il faut donc se borner à enregistrer les faits et laisser à chacun le soin de les apprécier à sa convenance.

Les faits, les voici : en ne s'attachant qu'à la qualité, une période de 78 années donne approximativement les moyennes suivantes :

Une année *supérieure* tous les *huit* ans ;

Deux années *bonnes* tous les *cinq* ans ;

Une année *médiocre* tous les *six* ans ;

Deux années *mauvaises* tous les *sept* ans.

En somme, il résulte de ces données que la culture de la vigne n'est pas plus maltraitée par les causes atmosphériques que les autres cultures. On fait du vin, tantôt excellent, tantôt bon, tantôt médiocre, tantôt mauvais, comme on fait tour à tour d'abondantes, de médiocres et de mauvaises récoltes de foin, de blé, de pommes de terre, etc.

Seulement, la vigne n'est pas à l'abri des fléaux qui, dans des proportions moins ruineuses, exercent parfois leurs ravages sur les autres produits agricoles. Il y a quelques années, une funeste maladie, dont la cause est restée un mystère, s'est abattue sur les pommes de terre et en a ruiné plusieurs récoltes successives. Grâce au ciel, cette maladie a disparu comme elle était venue, laissant dans l'ignorance absolue des causes de son apparition et de son départ, les savants et les praticiens à la recherche d'un remède.

La vigne, après avoir été soustraite aux ravages de l'oïdium, par les efforts de la science, est en ce moment victime d'un mal qui exerce sur elle les plus funestes effets. Mais quelque émotion qu'ait causé dans le monde agricole la maladie de la pomme de terre que l'on a appelée le pain des pauvres, on comprend que la mortalité de la vigne doive bien autrement surexciter les esprits.

Quelqu'intérêt qui s'attachât à la récolte des pommes de terre, la perte pouvait en être réparée avec des sacrifices pénibles, mais modérés, tandis que des centaines de millions ne combleraient pas le déficit causé à la propriété française par la ruine de la culture vinicole, sans compter que la population se trouverait ainsi privée d'un des éléments de consommation les plus nécessaires à l'entretien de sa santé et de ses forces.

Il faut espérer que la Providence sauvera les vignes, comme elle a sauvé les pommes de terre, et que nous verrons, un jour qui n'est pas éloigné, disparaître ce redoutable fléau, contre lequel jusqu'ici tous les efforts de la science et de la pratique sont restés impuissants.

Nous ne saurions terminer ce petit opuscule par un vœu plus en harmonie avec les nécessités

du temps, vœu auquel ne manqueront certainement pas de s'associer tous ceux qui, propriétaires,
commerçants ou consommateurs, nous feront
l'honneur de le lire.

15 Octobre 1877.